FORSCHUNGSBERICHT DES LANDES NORDRHEIN-WESTFALEN

Nr. 3037 / Fachgruppe Maschinenbau/Verfahrenstechnik

Herausgegeben vom Minister für Wissenschaft und Forschung

Dr.-Ing. Klaus-Jürgen Schröder
Prof. Dr.-Ing. Ulrich Renz
Lehrstuhl für Wärmeübertragung und Klimatechnik
an der Rhein.-Westf. Techn. Hochschule Aachen

Prof. Dr.-Ing. Klaus Elgeti
Bayer AG, Leverkusen

Untersuchungen zum Wärmetransport in flüssigkeitsdurchströmten Schüttungen

Westdeutscher Verlag 1981

CIP-Kurztitelaufnahme der Deutschen Bibliothek

Schröder, Klaus-Jürgen:
Untersuchungen zum Wärmetransport in flüssig-
keitsdurchströmten Schüttungen / Klaus-Jürgen
Schröder ; Ulrich Renz ; Klaus Elgeti. -
Opladen : Westdeutscher Verlag, 1981.

  (Forschungsberichte des Landes Nordrhein-
  Westfalen ; Nr. 3037 : Fachgruppe Maschi-
  nenbau, Verfahrenstechnik)
  ISBN-13: 978-3-531-03037-1   e-ISBN-13: 978-3-322-87676-8
  DOI: 10.1007/978-3-322-87676-8
NE: Renz, Ulrich:; Elgeti, Klaus:; Nordrhein-
Westfalen: Forschungsberichte des Landes ...

© 1981 by Westdeutscher Verlag GmbH, Opladen
Gesamtherstellung: Westdeutscher Verlag

ISBN-13: 978-3-531-03037-1

Inhalt

1. Einleitung

Füllkörperkolonnen werden in der chemischen Industrie für katalytische Reaktionen eingesetzt. Für den Ablauf der Reaktionen ist die Temperatur der Schüttung von maßgebender Bedeutung. Dies verlangt für die wärmetechnische Auslegung eines solchen Reaktors die genaue Kenntnis der Gesetzmäßigkeiten der Wärmeübertragung. Seit über 40 Jahren ist man daher bemüht, Gesetze für die Wärmeübertragung in einem Schüttungsrohr aufzustellen.

Bei den ersten Untersuchungen stellte man einen großen Temperaturgradienten an der Wand fest und teilte daraufhin zweckmäßigerweise die Schüttung in einen Kernbereich mit einem Kernwiderstand und einen Wandbereich mit einem Wandwiderstand ein /1, 2/.

Die bisherigen Versuche erbrachten weitgehend übereinstimmende Ergebnisse für die Transportkoefffizienten im Kernbereich von durchströmten Schüttungen.

Die ermittelten Wandwärmeübergangswiderstände sind dagegen in zweierlei Hinsicht unbefriedigend. Einmal weisen die Ergebnisse sehr große Streuungen auf, zum anderen wird immer wieder von einer Längenabhängigkeit der Meßwerte berichtet.

Diese Längenabhängigkeit steht im Gegensatz zu der theoretischen Überlegung, daß in einer Schüttung die Dicke der sich an der Wand ausbildenden Temperaturgrenzschicht durch die Größe der Schüttungspartikel an der Wand bestimmt wird. Bei einer statistischen Verteilung der Partikel, wie sie bei Schüttungen üblicherweise auftritt, bedeutet dies, daß nach einer relativ kurzen Anlaufstrecke der Wärmeübergang längs der Wand konstant bleiben müßte.

Dieser Widerspruch zwischen theoretischer Vorstellung und Experiment läßt sich auf die in den Auswertemethoden gemachten Vereinfachungen zurückführen. Dabei ist die Vernachlässigung der Randgängigkeit einer durchströmten Schüttung bei Annahme eines Kolbenprofils von entscheidender Bedeutung.

Wie HENNECKE /3/ in seinen Untersuchungen zeigt, ergeben sich bei Berücksichtigung der Randgängigkeit andere Ergebnisse für den Wärmeübergang als bei Annahme eines Kolbenprofils. Dies

läßt vermuten, daß eine scheinbare Längenabhängigkeit durch die
Vernachlässigung der Randgängigkeit bei der Meßwertauswertung
gefunden wird.

Zur gezielten Untersuchung dieser Längenabhängigkeit wurde die
unter Abschnitt 3 näher beschriebene Versuchsanlage aufgebaut.
Besondere Merkmale dieser Anlage sind der rechteckige Querschnitt
von der Form eines flachen Kanals und die Tatsache, daß der Kanal auf der einen breiten Seite gekühlt und auf der anderen er-
wärmt wird. Auf diese Weise stellt sich nach einer gewissen Anlaufstrecke ein lineares Temperaturprofil im Kernbereich ein.
Die Meßstrecke war in Schüssen aufgebaut, um verschiedene Länge /Breite-Verhältnisse untersuchen zu können. Der lineare Temperaturverlauf sollte bei nicht vermeidbaren Streuungen der Meß-
punkte eine genauere Extrapolation der Temperatur im Kernbereich
gewährleisten, als dies bei einem parabolischen Temperaturverlauf
in einem Rohr der Fall ist.

Die Auswertung des gemessenen Temperaturverlaufs mit Hilfe einer
Ausgleichsgeraden benötigt keine Annahme über die Randgängigkeit
der Schüttung, setzt aber eine thermisch ausgebildete Strömung
voraus. Ist die Strömung nicht thermisch ausgebildet, so steht
ein Rechenprogramm zur Auswertung zur Verfügung. Dieses Programm
basiert auf einer Gleichung für das Temperaturfeld im Schüttungskanal mit der Nusselt-Zahl und der dimensionslosen effektiven
Wärmeleitfähigkeit als Variablen. Über eine Fehlerquadratminimierung zwischen gemessenem und errechnetem Temperaturprofil
wurden die beiden Variablen iterativ bestimmt.

Zur Erfassung des Einflusses des Partikeldurchmessers wurden die
Versuche mit verschiedenen Korndurchmessern durchgeführt.

2. Bisherige Ergebnisse zum Wärmetransport in Schüttungen

Im folgenden wird der bisherige Wissensstand, soweit er für die gestellte Frage von Bedeutung ist, kurz erläutert.

In einem durchströmten Schüttungsrohr setzt sich der Wärmetransport in verwickelter Weise aus mehreren Transportmechanismen zusammen. Man unterscheidet zwischen Mechanismen, die von der Strömungsrichtung weitgehend unabhängig sind, wie

- molekulare Wärmeleitung in der fluiden Phase,
- Transport im Lückenvolumen durch turbulente Mischbewegungen,
- Wärmestrahlung zwischen den Partikeloberflächen,
- Wärmeleitung in den Partikeln,

und einem solchen, der von der Strömungsrichtung abhängig ist. Hierunter versteht man die "Flechtströmung" durch die Lücken der Schüttung.

2.1 Mathematisches Modell

Die exakte Beschreibung der Transportmechanismen ist äußerst komplex. Es wurde daher eine übliche Modellvorstellung mit vereinfachenden Annahmen angewandt. Dieses Modell vernachlässigt den Wärmeübergangswiderstand zwischen dem strömenden Fluid und dem Einzelkorn.

Die mathematische Beschreibung des Wärmetransports liefert dann eine einzige Wärmebilanz am Volumenelement der Tiefe 1, unter den vereinfachenden Annahmen

- konvektiver Wärmetransport wird nur in Hauptströmungsrichtung als solcher erfaßt,
- das Geschwindigkeitsprofil ist kolbenförmig,
- das Temperaturfeld ist stationär,
- der gesamte Wärmetransport quer zur Hauptströmungsrichtung wird durch eine effektive Wärmeleitfähigkeit ausgedrückt,
- die Wärmeleitung in Hauptströmungsrichtung ist vernachlässigbar.

Man erhält dann

$$\frac{\partial}{\partial y}(\dot{q}_y'') + \dot{m}'' c_{pF} \cdot \frac{\partial \vartheta}{\partial x} = 0 \quad . \qquad (2.1)$$

Mit der Definition einer effektiven Wärmeleitfähigkeit

$$\dot{q}_y'' = - \Lambda_e \cdot \frac{\partial \vartheta}{\partial y} \qquad (2.2)$$

und der Vereinfachung

$$\Lambda_e \neq f(y)$$

ergibt sich

$$\Lambda_e \cdot \frac{\partial^2 \vartheta}{\partial y^2} + \dot{m}'' c_{pF} \cdot \frac{\partial \vartheta}{\partial x} = 0 \quad . \qquad (2.3)$$

Mit $\dot{m}'' = u_{o,m} \rho_F$ erhält man

$$u_{o,m} \cdot \rho_F \cdot c_{pF} \cdot \frac{\partial \vartheta}{\partial x} - \Lambda_e \frac{\partial^2 \vartheta}{\partial y^2} = 0 \quad . \qquad (2.4)$$

Die Lösung dieser Gleichung liefert den Temperaturverlauf im Kanal. Sie wird in Kapitel 4 angegeben.

2.2 Effektive Wärmeleitfähigkeit

Die in Gleichung (2.2) definierte effektive Wärmeleitfähigkeit setzt sich aus einem strömungsunabhängigen und einem strömungsabhängigen Term zusammen

$$\Lambda_e = \Lambda_e^o + (\Lambda_e)_{Strömung} \cdot \qquad (2.5)$$

Im VDI-Wärmeatlas /4/ wird eine von YAGI und KUNII aus Experimenten abgeleitete Beziehung angegeben

$$\frac{\Lambda_e}{\lambda_F} = \frac{\Lambda_e^o}{\lambda_F} + \frac{Pe}{K} \cdot \qquad (2.6)$$

Für die effektive Wärmeleitfähigkeit Λ_e^o einer nicht durchströmten Schüttung existiert ein Berechnungsverfahren von ZEHNER und
SCHLÜNDER, das in /4/ ausführlich dargestellt ist.

In umfangreichen experimentellen Untersuchungen wurde für die
Konstante K im strömungsabhängigen Term der Gl. (2.6) für höhere Strömungsgeschwindigkeiten ein Zahlenwert in der Größenordnung 8 bis 10 ermittelt.

SCHLÜNDER /5/ leitet in einer Modellbetrachtung theoretisch den
Wert K = 8 her und gibt in einer erweiterten Betrachtung unter
Berücksichtigung der Behinderung der Flechtströmung in Wandnähe
die Beziehung

$$K = 8(2-(1-2d_p/D)^2) \tag{2.7}$$

an.

2.3 Wandwärmeübergangskoeffizient

Bei Untersuchungen des Wärmetransports quer zur Hauptströmungsrichtung stellt man einen steilen Temperaturgradienten an der
Wand fest (siehe z.B. Abb. 3), der auf mehrere Ursachen zurückgeführt werden kann

- Änderung der Ruhewärmeleitfähigkeit durch
  eine Änderung der Porosität ($\varepsilon \to 1$),
- verminderte Ausbildung der Flechtströmung,
- Unterbrechung der laminaren Unterschicht
  durch Punktkontakt der Kugeln mit der Wand.

Die Summe dieser Ursachen führt zu einem starken Abfall der
effektiven Wärmeleitfähigkeit Λ_e an der Wand.

Dies bedeutet, daß in der Energiegleichung (2.3) oder (2.4) die
Ortsabhängigkeit der Wärmeleitfähigkeit Λ_e berücksichtigt werden
müßte.

Um dies zu umgehen, wird in der Literatur üblicherweise vorgeschlagen, im gesamten Feld eine konstante Wärmeleitfähigkeit anzunehmen und für den überhöhten Transportwiderstand in Wandnähe

zusätzlich einen Wärmeübergangskoeffizienten zwischen Wand und
Schüttung einzuführen (siehe Abb. 3).

Dieser wird demnach durch die Definitionsgleichung

$$\dot{q}'' = - \Lambda_e \cdot \frac{\partial \vartheta}{\partial y}\bigg|_{y=0} = \alpha_W \cdot (\vartheta_W - \vartheta_{extr.}) \tag{2.8}$$

bestimmt.

Hierin ist ϑ_W die tatsächliche Wandtemperatur und $\vartheta_{extr.}$ die
Wandtemperatur, die sich durch Extrapolation des Temperaturver-
laufs im Kernbereich ergibt, die sich also bei konstanter Wärmeleitfähigkeit an der Wand einstellen würde.

Eine Zusammenstellung der bisherigen Versuche zur Ermittlung des
Wärmeübergangskoeffizienten im Schüttungsrohr liefert HENNECKE
/3/. Nach Auswertung dieser Versuche gibt er ein Berechnungsverfahren zur Vorausberechnung der Nusselt-Zahl an, in dem eine
Längenabhängigkeit berücksichtigt ist.

Wie in der Einleitung beschrieben, ist eine Längenabhängigkeit
theoretisch unbefriedigend. Die eigenen Versuche, an der in Abschnitt 3 beschriebenen Anlage mit einem ebenen Schüttungskanal,
konnten so ausgewertet werden, daß keine Längenabhängigkeit auf-
trat.

3. <u>Versuchsanlage</u>

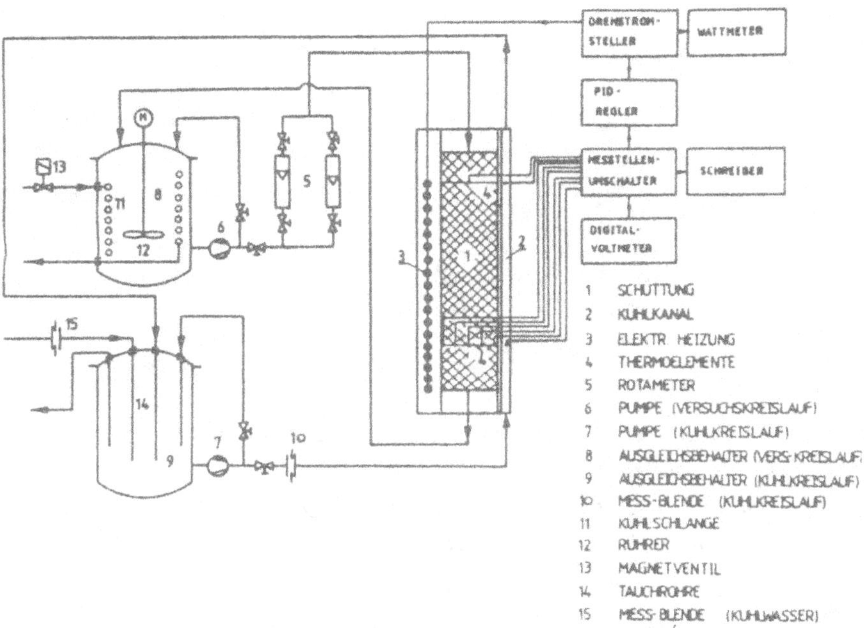

Abb. 1: Fließschema der Versuchsanlage

3.1 <u>Beschreibung der Anlage</u>

Die Versuchsanlage besteht im wesentlichen aus dem Versuchskreislauf, dem Kühlerkreislauf und der durchströmten Versuchskolonne.

Details der Konstruktion und Auslegung sowie Vorschriften für
das Anfahren sind aus den Arbeiten von LAMMRICH /6/ und LECHNER
/7/ zu entnehmen.

3.1.1 Versuchskreislauf

Der Versuchskreislauf besteht aus einem Ausgleichsbehälter mit
2 Kühlkreisläufen und einem Motorrührer, einer Niederdruck-Kreiselpumpe und 2 Durchflußmeßgeräten.

Die Kreiselpumpe (6) fördert das Versuchsmedium - bei den bisherigen Versuchen Wasser - im geschlossenen Kreislauf je nach
Volumenstrom über eines der zwei parallel geschalteten Schwebekörpermeßgeräte (5) von oben in den Schüttungskanal (1) der
Versuchskolonne. Die Regelung des Massenstroms (0,08 - 5,6 kg/s)
erfolgt über ein Regulierventil.

Nach dem Austritt unterhalb der Kolonne wird das Medium zurück
in den Ausgleichsbehälter (8) geleitet.

Der Rührer (12) bewirkt eine gute Durchmischung im Behälter.
Eine konstante Vorlauf-Temperatur des Versuchskreislaufs wird
durch ein Kontaktthermometer gewährleistet. Dieses Thermometer
schaltet bei Überschreiten der Solltemperatur um 0,1 K über
einen Zweipunkt-Regler ein Magnetventil (13), welches einen Kühlkreislauf (11) im Ausgleichsbehälter öffnet.

Ist die abzuführende Wärmemenge sehr hoch, so kann ein zweiter
Kühlkreislauf im Ausgleichsbehälter von Hand zugeschaltet werden.
Diese Regelung ermöglicht eine kontrollierte Abfuhr der Dissipa-
tionswärme der Kreiselpumpe und eine konstante Versuchstempera-
tur in den Grenzen von $\pm$ 0,15 K.

3.1.2 Kühlkreislauf

Der Kühlkreislauf besteht aus einem Ausgleichsbehälter mit einem
Kühlwasser-Vorlauf, einer Niederdruck-Kreiselpumpe mit 2 Blenden-
meßstrecken.

Die Kreiselpumpe (7) fördert über eine Blendenmeßstrecke (10) das
Kühlwasser im Gegenstrom von unten nach oben durch den Kühlkanal
(2). Die Pumpe fördert max. 33 kg/s. Durch diesen hohen Kühlwasser-
strom wird gewährleistet, daß die Kühlwandtemperatur als konstant
angenommen werden kann. Nach Rückführung in den Ausgleichsbehälter

(9) sorgt der Kühlwasser-Vorlauf, mit der Blendenmeßstrecke (15),
für einen ständigen Austausch des Kühlwassers und somit für eine
konstante Kühlwassertemperatur. Der maximale Durchsatz wird durch
die Aufnahmefähigkeit des Wasserablaufs begrenzt.

Bei einer eventuell zu hohen Kühlwassertemperatur ist ein Anschluß
des Vorlaufs an einen Kaltwassersatz möglich.

3.1.3 <u>Versuchskolonne</u>

Hauptmerkmal der Versuchskolonne (s. Abb. 1 und 2) ist ihr recht-
eckiger Querschnitt und die Tatsache, daß sie von einer Seite beheizt und von der gegenüberliegenden Seite gekühlt wird. Auf diese
Weise erhält man einen linearen Temperaturverlauf im Kern der
Schüttung, nachdem der hydrodynamische und der thermische Anlaufvorgang abgeschlossen sind.

Die Versuchskolonne besteht aus Schüttungskanal, Kühlkanal
und Heizplatten. Die Abmessungen sind aus Abb. 2 zu entnehmen.
Die Beheizung erfolgt über Heizstäbe (3) in den Heizplatten. Die
erzeugte Wärme wird über die breite Seite des Rechteckkanals durch
die Schüttung über eine Trennwand in den Kühlkanal geleitet. Die
Regelung der Heizleistung geschieht so, daß die mittlere Austrittstemperatur gleich der Eintrittstemperatur im Schüttungskanal ist.
Die Summe der jeweils zugehörigen Thermospannungen wird über einen
PID-Regler mit einem Sollwert verglichen, welcher nach dem Anfahren der Anlage im stationären Zustand eingestellt wird.

Der Schüttungskanal teilt sich auf in eine Einlaufzone, Meßstrek-
ke und Auslaufzone. Die Einlaufzone soll eine hydrodynamisch ausgebildete Strömung am Eintritt in die beheizte Meßstrecke gewährleisten. Am Ende der Meßstrecke befinden sich zwischen Blechstrei-
fen mittig angeordnet Mantelthermoelemente (4), die den Temperaturverlauf in der Strömung messen. Diesem Meßgitter nachgeschaltet
ist eine beheizte Auslaufstrecke, die Störungen der Messung durch
Austrittseffekte verhindert. Die Meßstrecke ist zusätzlich in
Schüsse unterteilt, um gezielte Untersuchungen zur eingangs dis-
kutierten Längenabhängigkeit des Wärmeübergangs zu ermöglichen.

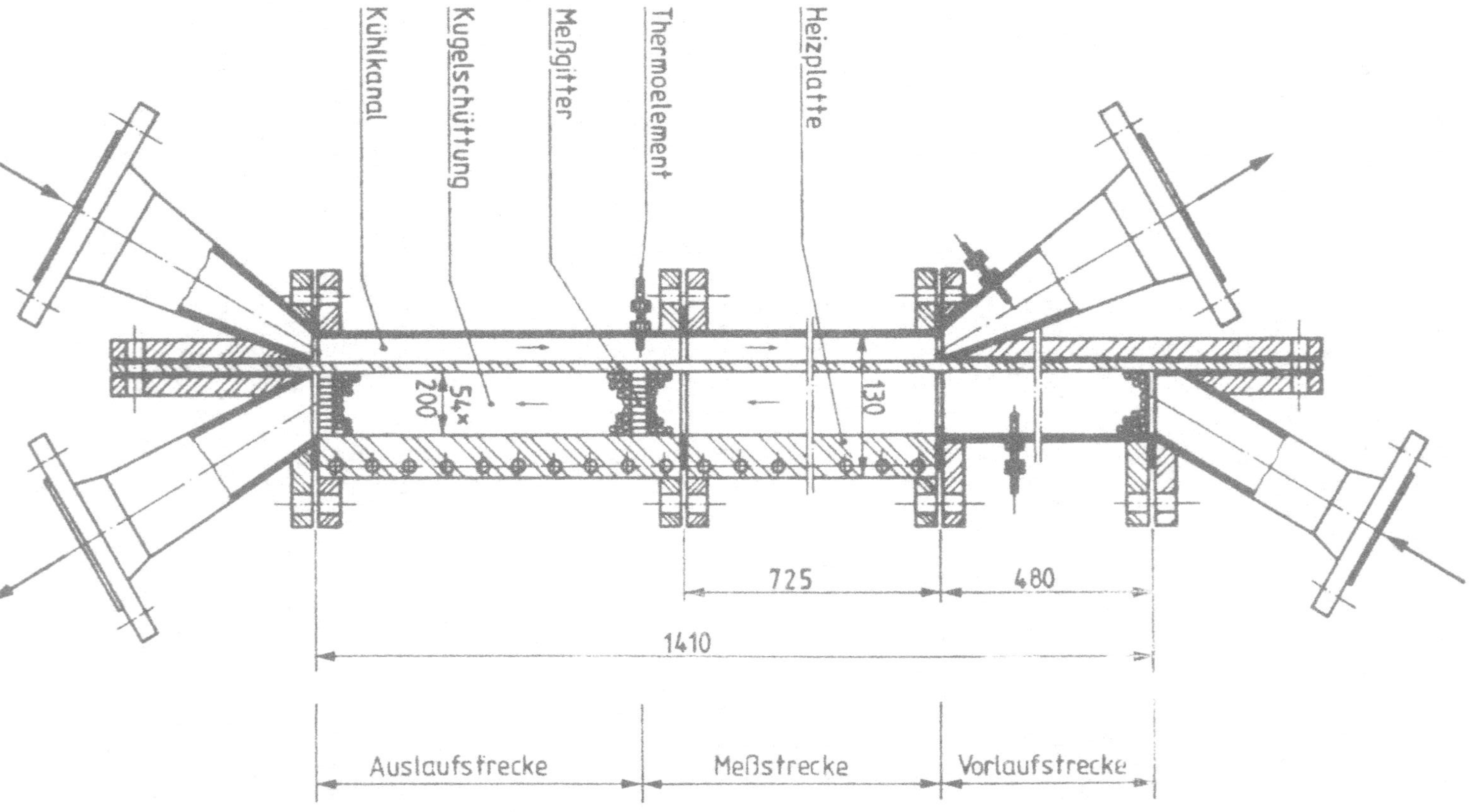

Abb. 2: Versuchsapparatur zur Messung des Wandwärmeübergangskoeffizienten an der Wand einer Kugelschüttung

Um den Wärmeverlust möglichst gering zu halten, sind die kurzen
Rechteckseiten der Meßstrecke innen gummiert und die gesamte
Anlage mit Hartschaumplatten isoliert.

3.1.4 Meßwerterfassung

Die Meßwerterfassung verarbeitet die Signale der Thermoelemente,
die Volumenströme der Kreisläufe und die Heizleistung.

Im Meßgitter des Schüttungskanals wird mit 12 Mantelthermoele-
menten das Temperaturprofil in der Strömung gemessen und weiter-
hin in der gleichen Meßebene die Wandtemperatur der Heiz- bzw.
Kühlwand sowie die Temperatur des Kühlwasserstroms.

Im oberen Bereich der Kolonne (s. Abb. 2) wird die Fluidtem-
peratur am Eintritt in den Schüttungskanal, die am Austritt
des Kühlkanals und zur besseren Kontrolle der Konstanz der
Kühlwassertemperatur außerdem die Temperatur im Kühlwasser-
vorlauf gemessen.

Die Thermospannungen werden über Vergleichsstellen und Meßstellen-
umschalter auf einem Digitalvoltmeter angezeigt. Zur Kontrolle
des stationären Zustandes der Anlage werden ausgewählte Temperaturen (Temperatur der Heiz- und Kühlwand des Schüttungskanals,
Fluideintritts- und Kühlwasservorlauftemperatur) auf einem Linienschreiber registriert.

Die Messung der Volumenströme erfolgt mittels der in Abb. 2 ein-
gezeichneten Schwebekörpermeßgeräte bzw. Norm-Blenden. Die Heizleistung wird auf einem Amperemeter mit einer normierten Leistungs-
skala angezeigt und zusätzlich eine der Heizleistung proportionale
Spannung über den Linienschreiber aufgezeichnet.

3.2 Versuchsdurchführung

Die ersten Versuche an dieser Anlage wurden mit Glaskugeln durchgeführt, deren mittlerer Partikeldurchmesser d_p = 3,9 mm betrug
(größter Durchmesser ca. 5 mm und kleinster ca. 3 mm). Daraus er-
gab sich ein Verhältnis von Kanalbreite zu Partikeldurchmesser
von

$$B/d_p = 13,6$$

Es wurden Messungen für die Strömungslängen

$$L/B = 5,4$$
$$L/B = 10,1$$
$$L/B = 13,5$$

im Bereich von

$$50 < Re_0 < 1250$$

durchgeführt.

Die Messung wurden dann erweitert auf Glaskugeln mit den folgenden Parametern

$$d_p = 2 \text{ mm}$$
$$B/d_p = 26,0$$
$$L/B = 13,5$$

$$40 < Re_0 < 400$$

und

$$d_p = 10 \text{ mm}$$
$$B/d_p = 5,4$$
$$L/B = 13,5$$

$$200 < Re_0 < 7000$$

Die obere Grenze der Reynolds-Zahlen wird bei den Versuchen mit
d_p = 10 mm von der Leistung der Kreiselpumpe und bei d_p = 2 mm
vom Auslegungsdruck der Anlage bestimmt.

4. Auswertung und Diskussion der Meßergebnisse

Entsprechend der in der Literatur gebräuchlichen Darstellungsweise
wird die Reynolds-Zahl mit der mittleren Leerrohrgeschwindigkeit
u_O , dem Partikeldurchmesser d_p und den Stoffwerten bei einer
mittleren Temperatur gebildet.

$$u_O = \frac{\dot{V}}{T \, B} \qquad (4.1)$$

$$Re_O = \frac{u_O d_p}{\nu} \qquad (4.2)$$

$$Pe = Re_O \cdot Pr \qquad (4.3)$$

Zur Ermittlung der Nusselt-Zahl und der effektiven Wärmeleitfähigkeit stehen 2 Verfahren zur Verfügung, einmal die direkte grafische Ermittlung und zum anderen die Berechnung durch ein Rechenprogramm, welches auf einer Lösung der Energiegleichung (2.4)
basiert.

4.1 Direkte Auswertung

Abb. 3 zeigt das prinzipielle Vorgehen bei der grafischen Metho-
de. Es ist nur zulässig, wenn man annehmen kann, daß der thermische Anlaufvorgang beendet ist. Die in der Schüttung gemessenen
Temperaturen werden über der Kanalbreite aufgetragen und durch
eine Gerade angenähert.

Die Extrapolation dieser Geraden bis zu den Wänden führt auf
die beiden extrapolierten Wandtemperaturen, die sich auch einstellen würden, wenn die Wärmeleitfähigkeit bis zur Wand konstant wäre.

Die Steigung der Geraden ist ein direktes Maß für die effektive
Wärmeleitfähigkeit der Schüttung.Geht man davon aus,daß Wärmever-
luste und der axiale Wärmetransport vernachlässigbar sind, so

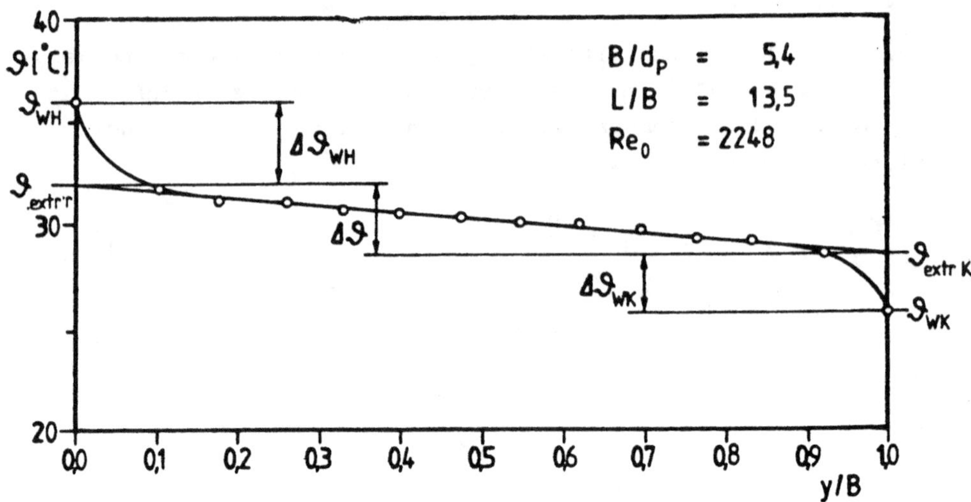

Abb. 3: Beispiel für die grafische Auswertung gemessener
Temperaturen

ergeben sich mit den ermittelten Temperaturdifferenzen aus

$$\dot{q}'' = \Lambda_e \cdot \frac{\Delta\vartheta}{B} = \alpha_{WH}\Delta\vartheta_{WH} = \alpha_{WK}\Delta\vartheta_{WK} \tag{4.4}$$

die effektive Wärmeleitfähigkeit und die Wärmeübergangskoeffizienten für die heiße und kalte Seite, die im Prinzip verschieden
sein können.

Durch Verknüpfung mit der Definitionsgleichung für die Nusselt-
Zahl

$$Nu_W = \frac{\alpha_W d_p}{\lambda_F} \, , \tag{4.5}$$

die ebenso wie die Reynolds-Zahl mit dem Partikeldurchmesser
d_p als charakteristische Länge gebildet wird, ergeben sich die
Kennzahlen zu

$$Nu_{WH} = \frac{\dot{q}'' d_p}{\Delta\vartheta_{WH}\lambda_F} \tag{4.6}$$

$$Nu_{WK} = \frac{\dot{q}'' d_p}{\Delta\vartheta_{WK}\lambda_F} \tag{4.7}$$

$$\frac{\Lambda e}{\lambda_F} = \frac{\dot{q}''B}{\Delta\vartheta\lambda_F} \qquad\qquad (4.8)$$

Abb. 4, 5 und 6 zeigen die Ergebnisse der grafischen Auswertung. Der Einfluß der Prandtl-Zahl konnte in den Versuchen nicht ermittelt werden, da nur mit Wasser gearbeitet wurde.

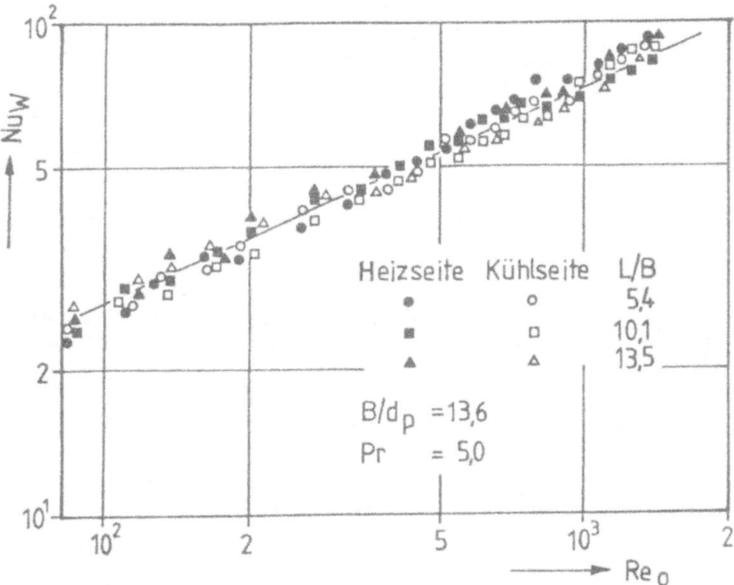

Abb. 4: Meßwerte für den Wandwärmeübergangskoeffizienten nach grafischer Auswertung - Einfluß der Schüttungslänge

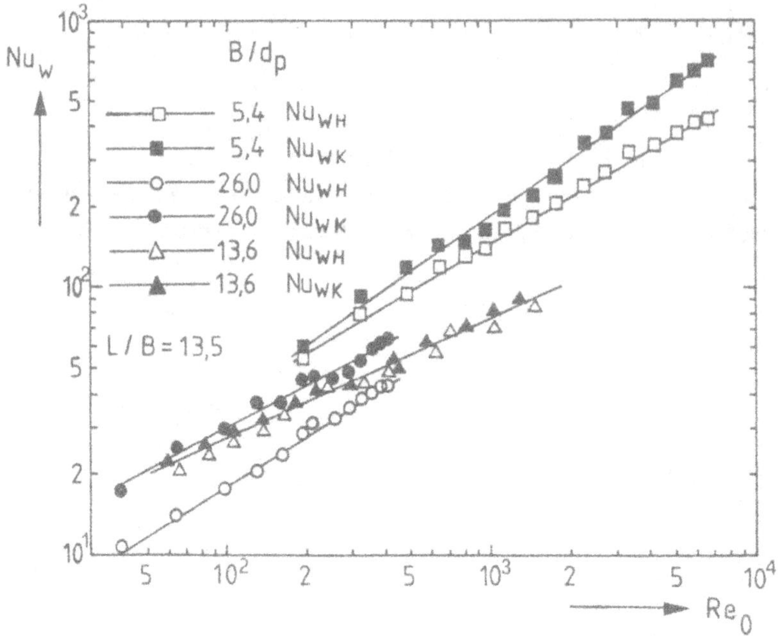

Abb. 5: Meßwerte für den Wandwärmeübergangskoeffizienten nach grafischer Auswertung - Einfluß des Partikeldurchmessers

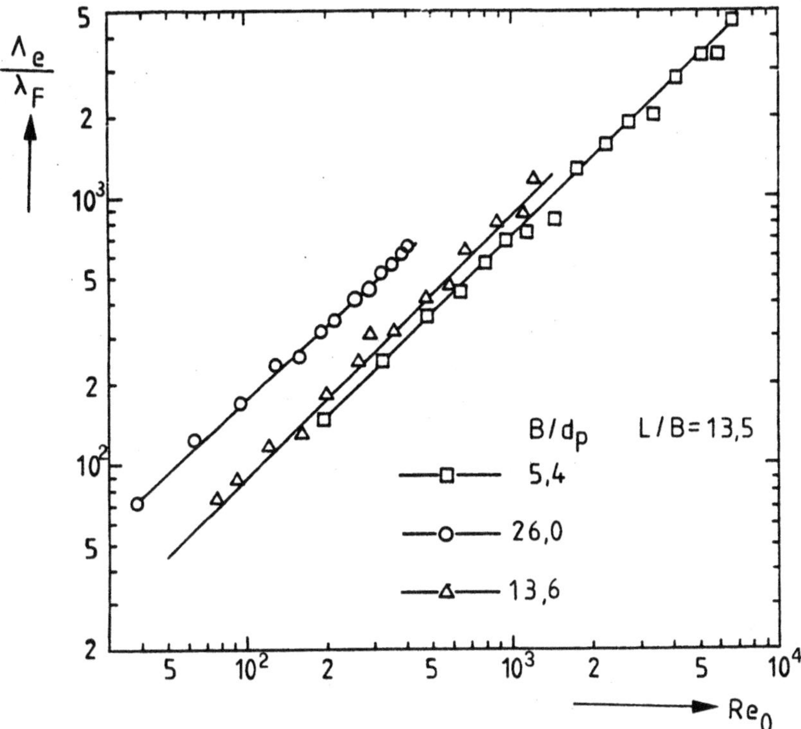

Abb. 6: Meßwerte für die effektive Wärmeleitfähigkeit nach
grafischer Auswertung - Einfluß des Partikeldurchmessers

4.2 Rechnerische Auswertung

Das Prinzip dieser Auswertung beruht darauf, eine Gleichung für
das Temperaturfeld in der Schüttung als Funktion der Kenngrößen
zu ermitteln. Durch Iteration werden dann die Nusselt-Zahl und
die Wärmeleitfähigkeit über eine Fehlerquadratminimierung so ge-
wählt, daß der berechnete Temperaturverlauf mit dem gemessenen
Temperaturverlauf möglichst gut übereinstimmt.

Als Ausgangsgleichung dient die Differentialgleichung (2.4) mit
den in 2.1 gemachten Annahmen.

$$u_{o,m} \, \rho_F c_{pF} \frac{\partial \vartheta}{\partial x} - \Lambda_e \frac{\partial^2 \vartheta}{\partial y^2} = 0 \qquad (2.4)$$

Mit den Anfangs- und Randbedingungen

$$\text{A.B.:} \quad x = 0 \quad 0 < y < B \quad \vartheta = \vartheta_o \qquad (4.9)$$

R.B.: $\quad x > 0 \quad y = 0 \quad \dot{q}'' = -\Lambda_e \dfrac{\partial \vartheta}{\partial y}$ (4.10)

$\quad\quad\quad x > 0 \quad y = B \quad -\Lambda_e \dfrac{\partial \vartheta}{\partial y} = \alpha_W(\vartheta_{extr.K} - \vartheta_{WK})$ (4.11)

In dimensionsloser Form folgt aus den Gln. (2.4) und (4.9)-(4.11) mit

$$X = x/B \; ; \quad Y = y/B \; ; \quad \Theta = (\vartheta - \vartheta_{WK})/(\vartheta_o - \vartheta_{WK})$$

und den Kennzahlen

$$q^* = \frac{\dot{q}''}{\Lambda_e(\vartheta_o - \vartheta_{WK})} \, B$$

$$NUWB = \frac{\alpha_W \, B}{\Lambda_e} \; ; \quad\quad PEB = \frac{u_o \cdot B}{\Lambda_e / (\rho c_p)_F}$$

die Lösung für das Temperaturfeld

$$\Theta = q^*\left(\frac{1+NUWB}{NUWB} - Y\right) +$$

$$2 \cdot \sum_{n=1}^{\infty} \frac{\beta_n \sin\beta_n \left(1 - \frac{q^*}{NUWB}\right) - q^*(1 - \cos\beta_n)}{\beta_n(\beta_n + \sin\beta_n \cos\beta_n)} \cos(\beta_n Y)\exp\left(-\frac{\beta_n^2}{PEB}\cdot X\right) \quad (4.12)$$

Die Eigenwerte β_n lassen sich iterativ aus der Gl. (4.13) berechnen

$$\beta_n \cdot \tan\beta_n = NUWB. \quad\quad (4.13)$$

In der Gleichung (4.12) sind X und Y dimensionslose Ortskoordinaten, PEB und q^* Größen, die aus den Meßwerten errechnet werden. Durch ein Rechenprogramm wird die Gleichung für Nu_W und Λ_e/λ_F so gelöst, daß die Fehlerquadratsumme zwischen den berechneten und den gemessenen Temperaturen an den 12 Meßstellen ein Minimum annimmt.

Mit Hilfe des Programms wird zunächst für jeweils zwei Vorgabewerte Nu_W und Λ_e/λ_F die Temperaturfunktion mit einer gewählten, hinreichend großen Anzahl von Eigenwerten berechnet. Damit lassen sich die Abweichungen von den gemessenen Temperaturen und deren Ableitungen bestimmen. Aus den ermittelten Fehlern und ihren Ableitungen errechnet das Programm dann nach dem Verfahren des stärksten Abstiegs einen neuen Wert für den Fehler und die zugehörigen neuen Werte für Nu_W und Λ_e/λ_F. Auf diese Weise wird

iterativ das Minimum des Fehlers bis zu einer bestimmten Genauig-
keit gesucht, wobei in der Nähe der Lösung das Newtonsche Ite-
rationsverfahren Anwendung findet.

Die rechnerische Auswertung erfolgte nur bei den extremen Ver-
suchsparametern $B/d_p = 26$ und $B/d_p = 5,4$.

Die Abb. 7 und 8 zeigen die rechnerischen Ergebnisse im Vergleich
zu den Ergebnissen bei der grafischen Auswertung der Versuche.
Es ist zu beachten, daß für die rechnerische Auswertung Nu_W für
Heiz- und Kühlseite als gleich angesetzt wurde.

Der Einfluß einer möglichen Randgängigkeit bei den wandnahen
Meßpunkten auf die Ermittlung von Nu_W und Λ_e/λ_F wurde überprüft,
indem Rechnungen ohne Berücksichtigung dieser wandnahen Punkte
durchgeführt wurden. Die so ermittelten Nu_W-Werte streuen innerhalb der Meßgenauigkeit. Ein systematischer Einfluß der Randgängigkeit ist nicht feststellbar.

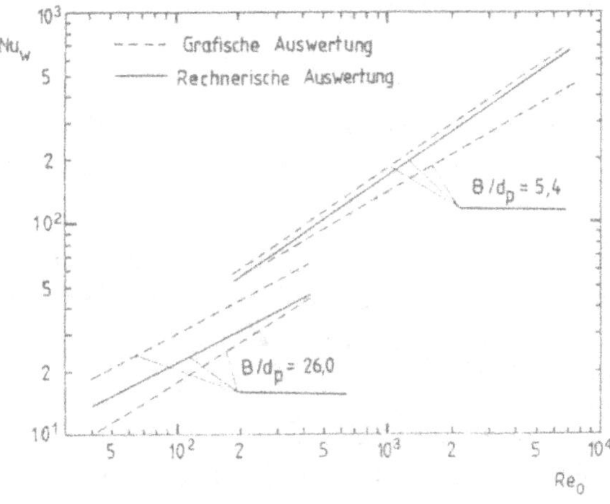

Abb. 7: Meßwerte für Nu_W - Vergleich von rechnerischer und
grafischer Auswertung

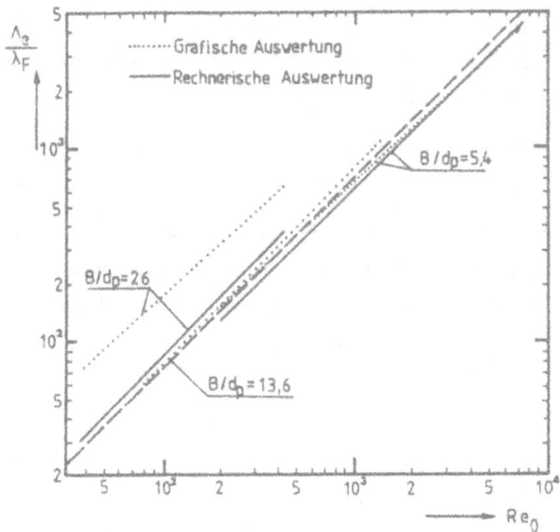

Abb. 8: Meßwerte für die effektive Wärmeleitfähigkeit - Vergleich
von rechnerischer und grafischer Auswertung
--- nach Gl.(4.18)

4.3 Diskussion der Meßergebnisse

4.3.1 Nusselt-Zahlen

Die Ergebnisse zeigen in der doppelt-logarithmischen Darstellung
einen linearen Zusammenhang zwischen der Nusselt-Zahl und der
Reynolds-Zahl.

Die Messungen der Nusselt- Werte bei unterschiedlichen Verhältnis-
sen L/B lassen innerhalb des Meßbereiches keine Abhängigkeit von
der Schüttungslänge erkennen (s. Abb. 4). Allerdings wurde dies
nur bei dem Verhältnis B/d_p = 13,6 untersucht.

Des weiteren findet man eine Abhängigkeit von der bezogenen Kanalbreite, die unter Abschnitt 4.4 noch diskutiert wird.

Auffallend ist bei der grafischen Auswertung der Versuche mit
dem Verhältnis B/d_p = 5,4 und B/d_p = 26 der starke Unterschied
in den Nu_W-Werten zwischen der Heiz- und Kühlseite, der zudem
noch abhängig von der Reynolds-Zahl ist.

Diese Abweichungen können auf die Überlagerung mehrerer Einflüs-
se zurückgeführt werden:

- Ein nicht vernachlässigbarer Wärmetransport durch
  Leitung in axialer Richtung.

- Einfluß der Temperaturabhängigkeit der Stoffwerte

  a) auf den Wärmetransport:

  Nach /4/ kann dieser Einfluß für eine ebene Flüssig-
  keitsströmung mit

  $$Nu = Nu_O \cdot (\frac{Pr}{Pr_W})^{0,25} \tag{4.14}$$

  beschrieben werden. Dabei ist Pr die Prandtl-Zahl bei
  der Stoffbezugstemperatur und Pr_W die Prandtl-Zahl bei
  der Wandtemperatur. Dieser Einfluß beträgt bei den Versuchen zwischen 2 und 16 %.

  b) auf die Strömungsverhältnisse:

  Durch die höhere Temperatur auf der Heizwandseite ist
  der Strömungswiderstand dort geringer, wodurch sich
  eine stärkere Randgängigkeit in Heizwandnähe ergibt.

- Der Temperaturverlauf im Kern ist nicht linear, da die Strömung noch nicht thermisch ausgebildet ist. Die ermittelte
  Geradensteigung ist dann kein korrektes Maß für die Wärmeleitfähigkeit in der Schüttung.

Dieser letzte Einfluß tritt besonders deutlich bei den Messungen
mit $B/d_p = 26$ auf. Die Abb. 9 zeigt einige gemessene Temperatur-

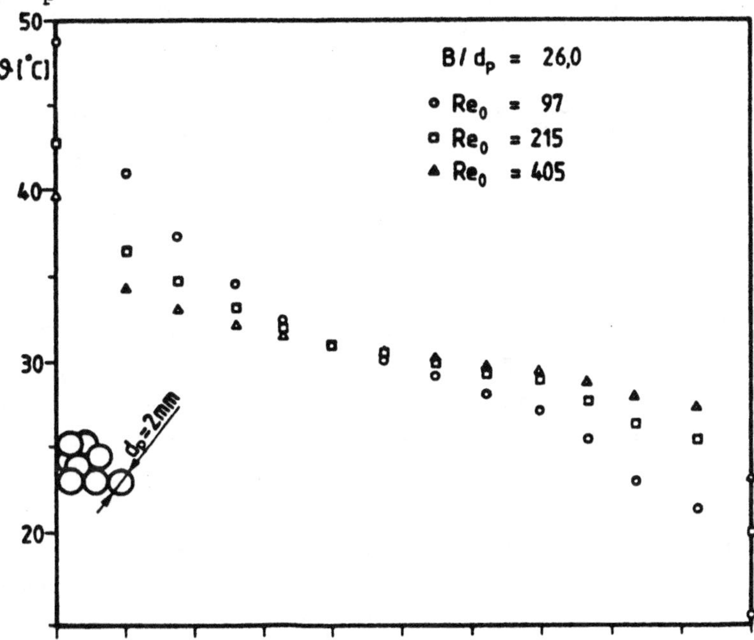

Abb. 9: Gemessene Temperaturprofile im Schüttungskanal
        bei $d_p = 2$ mm

profile, die deutlich einen S-förmigen Verlauf erkennen lassen,
im Gegensatz zu den Temperaturprofilen bei B/d_p = 5,4 in Abb. 10.
Eine Approximation der in der Abb. 9 dargestellten Temperaturprofile durch eine Gerade ist also nicht zulässig und ergibt
keine sinnvollen Kennzahlen für diese Versuche. In diesem Fall
muß das rechnerische Auswerteverfahren benutzt werden.

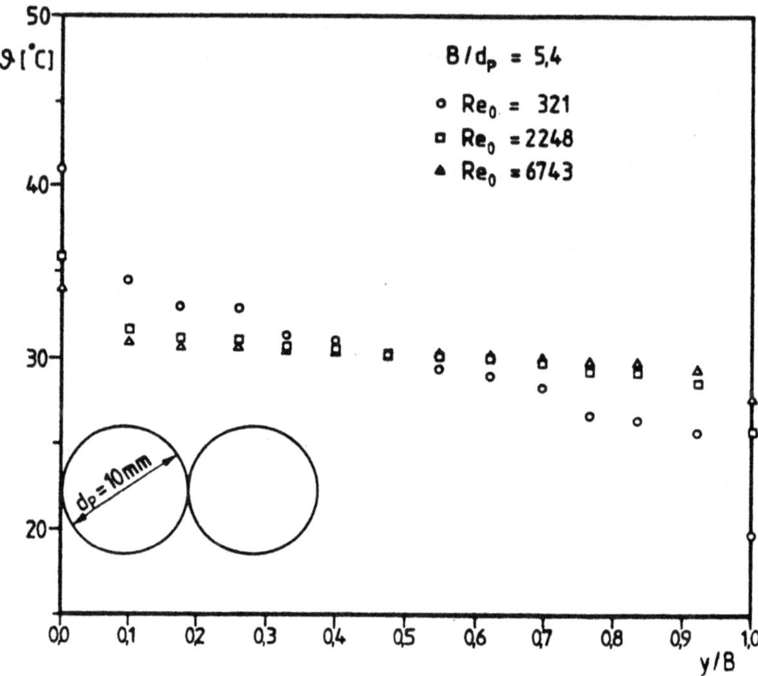

Abb. 10: Gemessene Temperaturprofile im Schüttungskanal
bei d_p = 10 mm

Ob die Strömung tatsächlich thermisch ausgebildet ist, kann
mit der Gleichung (4.12) für den Temperaturverlauf in der
Schüttung überprüft werden. Liegt thermisch ausgebildete Strömung vor, dann ist der Wert des Summenterms in der Gleichung
(4.12) gegenüber dem ersten Term vernachlässigbar.

In der Abbildung 11 sind die Ergebnisse dieser Berechnung dargestellt. Verglichen sind die Temperaturprofile bei den auch expe-
rimentell untersuchten Parametern B/d_p = 5,4 bzw. 26 und der
dimensionslosen Strömungsweglänge L/B = 13,5 mit den entspre-
chenden Temperaturprofilen bei thermisch ausgebildeter Strömung

(L/B → ∞). Die Berechnungen zeigen, daß bei den Versuchen mit
einem Verhältnis B/d_p = 13,6 und B/d_p = 5,4 ein ausgebildetes
Temperaturprofil vorlag, wohingegen es bei B/d_p = 26 noch nicht
ausgebildet war.

Die Abweichungen zwischen den grafisch ermittelten Nu_W-Werte
auf der Heiz- und der Kühlseite könnten somit für B/d_p = 26
durch die thermisch nicht ausgebildete Strömung geklärt werden,
nicht aber für die Messungen bei B/d_p = 5,4.

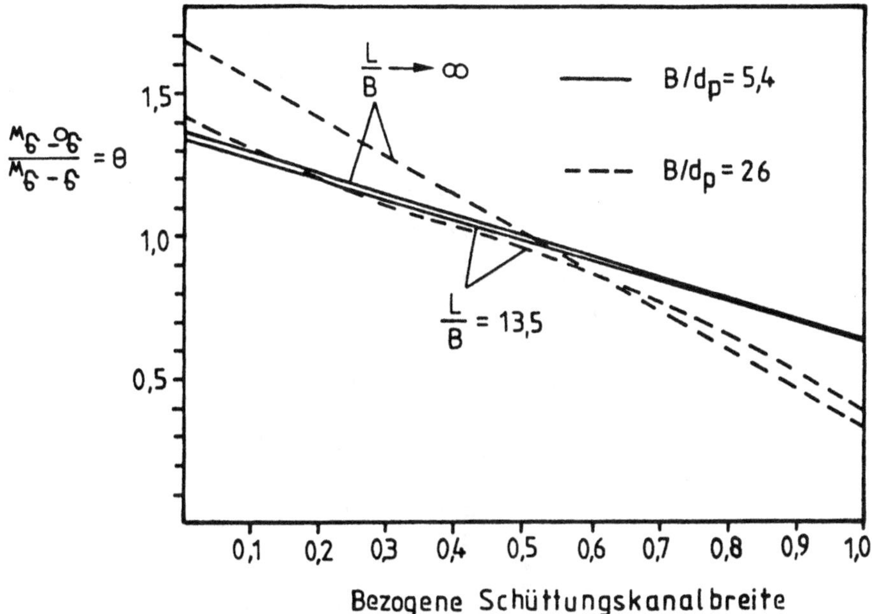

Abb. 11: Gerechnete Temperaturprofile im Schüttungskanal bei
der untersuchten Strömungsweglänge und thermisch ausgebildeter Strömung

Die Abweichungen bei den Messungen für B/d_p = 5,4 sind möglicher-
weise durch Fehler bei der Einstellung und Regelung der Anlage
zu erklären, wie im folgenden erläutert wird. Die grafische Auswertung setzt voraus, daß die Wärmezufuhr an der beheizten Wand
gleich der Wärmeabfuhr an der gekühlten Wand und damit der kon-
vektive Wärmetransport in Hauptströmungsrichtung gleich Null
ist. Die Heizleistung wurde daher so geregelt, daß sich die mittlere Fluidaus- und -eintrittstemperatur möglichst wenig unterschei-

den. Die Bestimmung der mittleren Austrittstemperatur erfolgte
dabei aus der Summe der 12 Meßstellenanzeigen im Austrittsquer-
schnitt ohne Berücksichtigung des Einflusses der verschiedenen
Strömungsgeschwindigkeiten in den Teilkanälen infolge der Randgängigkeit. Dies kann zu einer ungenauen Mittelwertbildung und
damit nicht korrekten Anlagenregelung führen mit der Folge, daß
sich das Gleichgewicht zwischen Wärmezu- und -abfuhr an den Ka-
nalwänden erst nach größeren Kanallängen einstellt. Fehlerab-
schätzungen mit theoretisch unter Einschluß der Randgängigkeit
ermittelten Geschwindigkeitsprofilen für den Fall $B/d_p = 5,4$
zeigen, daß dadurch abhängig von der Re-Zahl Abweichungen zwischen den Nu-Zahlen der beheizten und gekühlten Wand in der
festgestellten Größenordnung auftreten können. Da sich die Heizleistung korrekt bestimmen läßt, wird die Nu-Zahl der warmen Seite verwendet.

Bei $B/d_p = 26$ muß, wie oben gezeigt wurde, rechnerisch ausgewertet werden, da hierbei die Randgängigkeit vernachlässigbar ist.

Die Ergebnisse aller Versuchsreihen lassen sich durch die folgenden Potenzansätze beschreiben

$$B/d_p = 5,4 \quad : \quad Nu_W = 1,51 \cdot Re_O^{0,55} \, Pr^{1/3} \tag{4.15}$$

$$B/d_p = 13,6 \quad : \quad Nu_W = 2,10 \cdot Re_O^{0,44} \, Pr^{1/3} \tag{4.16}$$

$$B/d_p = 26 \quad : \quad Nu_W = 1,27 \cdot Re_O^{0,50} \, Pr^{1/3} \tag{4.17}$$

wenn man davon ausgeht, daß die Abhängigkeit von der Prandtl-
schen Kennzahl durch den Faktor $Pr^{1/3}$ richtig wiedergegeben wird.

4.3.2 Effektive Wärmeleitfähigkeit

Die Werte Λ_e/λ_F zeigen ebenfalls in der doppelt-logarithmischen Darstellung einen linearen Zusammenhang mit der Reynolds-Zahl. Bei $B/d_p = 26$ sind die Ergebnisse der grafischen Auswertung nach dem oben Gesagten nicht korrekt und brauchen nicht weiter betrachtet zu werden.

Die übrigen Ergebnisse lassen sich gut durch die Beziehung

$$\frac{\Lambda_e}{\lambda_F} = 0,68 \cdot Re_0 \tag{4.18}$$

wiedergeben.

Daraus ergibt sich

$$PE = 1,47 \cdot Pr \tag{4.19}$$

oder mit $Pr \approx 5,43$ im untersuchten Temperaturbereich (30^0 C)

$$PE \approx 8,0$$

in Übereinstimmung mit den aus der Literatur bekannten und theoretisch vorhergesagten Werten.

4.4 Literaturvergleich

Die Berechnung des Wandwärmeübergangskoeffizienten nach dem VDI-Wärmeatlas /4/ beruht auf einer halbempirischen Korrelation von HENNECKE /3/, die seine und bisher in der Literatur veröffentlichte Meßergebnisse zusammenfaßt. Man berechnet danach zuerst ein Nu_p, welches den Wärmetransport durch die fluide Phase berücksichtigt. Die Gleichung für Nu_p entspricht der Näherungslösung für die überströmte Platte der Länge d_p für alle Strömungsbereiche (laminar - turbulent) einer überströmten Platte für eine Länge d_p:

$$Nu_p = \frac{1}{Pr^{1/6}} \cdot \sqrt[4]{0,194 \cdot Pe'^2 + \frac{3,4 \cdot 10^{-5}}{Pe^{2/3}} \cdot Pe'^3} \tag{4.20}$$

Die speziellen Strömungsverhältnisse an der Wand einer Schüttung werden darin durch eine Pe'-Zahl berücksichtigt, die aus einem Diagramm zu entnehmen ist.

Mit Berücksichtigung der Wärmeleitung der Partikel und der Wärmeübertragung durch Strahlung berechnet sich Nu_W:

$$Nu_W = \left[c_a Nu_p + c_b \left(\frac{\Lambda_e}{2\lambda_F} - 1 \right) \left(1 - \frac{1}{c_a Nu_p} \right) + Nu_{Str} \right] \cdot \frac{1}{1 + \frac{c_c}{Pe'} \cdot \frac{L}{D}} \qquad (4.21)$$

Nu_{Str} kann bei der eigenen Berechnung zu Null angenommen werden, da im betrachteten Temperaturbereich und Wasser als Fluid der Strahlungsaustausch keinen Beitrag liefert. Durch die Parameter c_a, c_b und c_c soll das Modell für Nu_W möglichst genau den Messungen angepaßt werden.

c_a: Berücksichtigt, daß die Nu_W-Zahl in einer Schüttung erfahrungsgemäß größer ist als an einer frei überströmten Platte. In /4/ und /5/ wurde $c_a = 1,3$ gesetzt.

c_b: Berücksichtigt die Anordnung der Kugeln an der Wand. Für die Ableitung der Gleichung wurde eine kubische Packung angenommen. Nach HENNECKE /3/ lassen sich die Messungen am besten mit $c_b = 0,5$ wiedergeben.

c_c: Ist der Faktor, der die vermutete Längenabhängigkeit berücksichtigt. Er wurde für Kugelschüttungen zu $c_c = 40$ bestimmt.

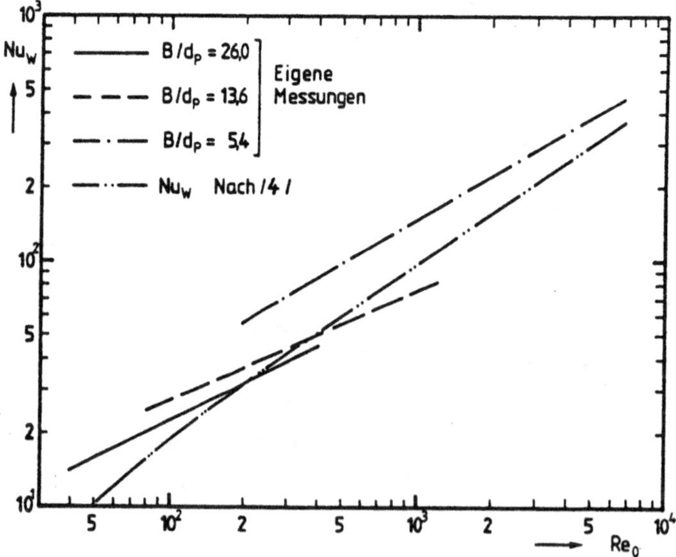

Abb. 12: Vergleich der gemessenen Nu_W-Werte mit Literaturwerten nach /4/

Die Abb. 12 zeigt eine Gegenüberstellung der gemessenen Nu_w-Werte
und der mit Hilfe des VDI-Wärmeatlas /4/ berechneten Werte. Bei
der Berechnung nach /4/ wurde mit einer gewissen Willkür die Kanalbreite B zwischen der Heiz- und Kühlwand für den Rohrdurchmes-
ser D eingesetzt.

Der Vergleich zeigt zwar für B/d_p = 26,0 und B/d_p = 13,6 eine
Übereinstimmung im Mittelwert, die Reynolds-Abhängigkeit ist
jedoch bei den eigenen Meßwerten deutlich kleiner. Für B/d_p= 5,4
wurden höhere Werte gemessen als vorausgesagt, mit einer mit
wachsender Reynolds-Zahl geringer werdenden Differenz. Auffallend
ist vor allem die bei den eigenen Messungen festgestellte Abhängigkeit vom Partikeldurchmesser.

Man kann nun versuchen, die in /3/ bzw. /4/ festgelegten Anpassungsparameter so zu variieren, daß die Meßergebnisse möglichst
gut wiedergegeben werden. Abb. 13 zeigt das Ergebnis der Rechnungen.

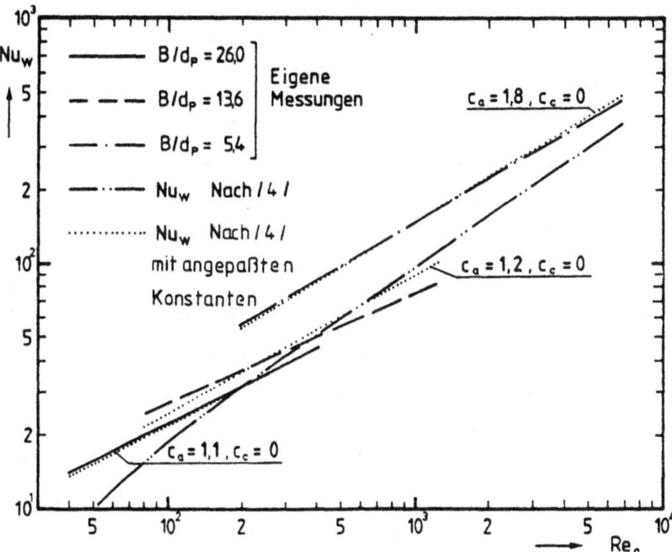

Abb. 13: Vergleich der gemessenen Nu_w-Werte mit
der modifizierten Korrelation /4/

Die eigenen Meßwerte lassen sich für alle B/d_p-Verhältnisse am
besten mit $c_c = 0$ annähern, d.h. ohne einen empirischen Korrek-
turfaktor für die vermutete Längenabhängigkeit. Dieses Ergebnis
bestätigt die Modellvorstellung, daß die Grenzschichtdicke an
der Wand allein durch die Partikel bestimmt wird und der Wärme-
übergangskoeffizient bei einer hydrodynamisch ausgebildeten
Strömung längs der Wand konstant ist.

Die Reynolds-Abhängigkeit der Meßwerte und der Werte nach der
Nusselt-Korrelation /4/ mit $c_c = 0$ stimmen schon recht gut überein, die absolute Größe muß aber noch korrigiert werden. Dies
ist mit dem Parameter c_a möglich. Bei der Anpassung dieses Para-
meters stellt sich eine Abhängigkeit von B/d_p ein. Die Ergebnisse für $B/d_p = 26$ werden mit geringfügiger Abweichung mit $c_a = $
1,1 und $c_c = 0$ wiedergegeben. Bei $B/d_p = 13,6$ sind die Abweichungen etwas größer. Für niedrige Reynolds-Zahlen ergibt sich
eine bessere Wiedergabe mit $c_a = 1,3$ für höhere Reynolds-Zahlen
mit $c_a = 1,1$. In der Abb. 13 wurde ein Mittelwert mit $c_a = 1,2$
und $c_c = 0$ eingezeichnet. Die Messungen für $B/d_p = 5,4$ lassen
sich sehr gut mit $c_a = 1,8$ und $c_c = 0$ anpassen.

Die c_a-Werte stimmen damit für $B/d_p = 13,6$ und 26 fast mit den
in /4/ empfohlenen überein. Die Ergebnisse unterscheiden sich
nur durch die bei den eigenen Messungen nicht gefundene Längenabhängigkeit ($c_c = 0$). Für $B/d_p = 5,4$ wurde allerdings ein deutlich größerer c_a-Wert gefunden. Ob sich dies bei weiteren Messungen mit kleinem Verhältnis B/d_p bestätigt, muß geprüft werden.

In der empirischen Beziehung /4/ tritt die Abhängigkeit der Nu_W-
Werte von B/d_p nur für kleine Reynolds-Zahlen durch den Einfluß
der natürlichen Konvektion stark hervor. In der Literatur wird
sie unterschiedlich beurteilt. So finden z.B. CALDERBANK, PO-
GORSKI /2/, YAGI, WAKAO /8/ und KUNII, SUZUKI, ONO /9/ keine
Abhängigkeit vom Verhältnis Rohr- zu Partikeldurchmesser. Ande-
rerseits messen aber YAGI, KUNII /10/ und SEIDEL /11/ einen Einfluß dieses Verhältnisses.

Abschließend zeigt Abb. 14 einen Vergleich der eigenen Meßwerte
mit Werten aus der Literatur. Der Einfluß der Pr-Zahl wurde auch
hier mit $Pr^{1/3}$ berücksichtigt. Die Werte sind einer Zusammenfas-
sung von LI, FINLAYSON /12/ entnommen und um die Messungen von
HENNECKE /3/ ergänzt.

Die Gegenüberstellung zeigt für $B/d_p = 26$ und $B/d_p = 13,6$ eine Übereinstimmung der eigenen Meßwerte mit den Literaturwerten in der absoluten Größe und in der Abhängigkeit von der Reynolds-Zahl. Die Meßwerte bei $B/d_p = 5,4$ zeigen zwar in der Abhängigkeit von der Reynolds-Zahl Übereinstimmung, aber wie bei dem Vergleich mit den nach /4/ berechneten Werten eine Tendenz zu höheren Werten der Nu_W-Zahlen.

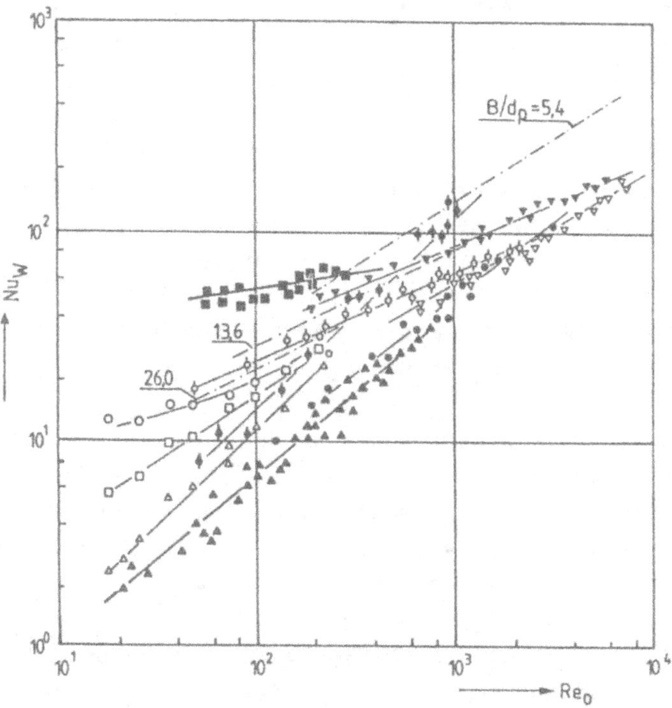

Abb. 14: Vergleich der eigenen Ergebnisse für Nu_W mit ausgewählten Literaturwerten

	Autor	L/D bzw. L/B
■	Ziolkowski	6,7
◊	Pogorski	15
◆	Quinton, Storrow	18
●	Plautz, Johnston	8,3
▽	Kunii	4,3
▲	Yagi, Wakao	10
○□△	Hennecke	0,3; 1,3; 4,3
▼	Seidel	30; 43; 4,3
—·—	Eigene Messungen	13,5

5. Zusammenfassung

In der vorliegenden Arbeit sind die Ergebnisse von Versuchsreihen dargestellt, bei denen der Wärmetransportwiderstand im Kern einer durchströmten Schüttung und der Wärmeübergangswiderstand in Wandnähe gemessen wurden.

Als Versuchsapparat wurde ein wasserdurchströmter Schüttungskanal mit flachem, rechteckigem Querschnitt benutzt, wobei eine breite Seite des Schüttungskanals beheizt und die gegenüberliegende Seite gekühlt war. Die Messungen wurden mit Glaskugeln mit 2,4 , 3,9 und 10 mm Durchmesser durchgeführt.

Die Auswertung der in der Schüttung gemessenen Fluid-Temperaturen erfolgte grafisch. und rechnerisch. Bei der grafischen Auswertung wurden die gemessenen Temperaturen durch eine Gerade angenähert. Die Differenz zwischen der Wandtemperatur, die man durch Extrapolation des Fluidtemperaturverlaufs zur Wand erhält, und der gemessenen Wandtemperatur ergibt bei bekannter Wärmestromdichte den Wärmeübergangskoeffizienten α_W.

Dieses Auswertungsverfahren verlangt wenig vereinfachende Annahmen bei der Beschreibung des Wärmetransports. Es ergibt aber nur die korrekten Werte für α_W, wenn die Strömung thermisch ausgebildet ist. Diese Bedingung war nicht bei allen Versuchen erfüllt. Bei der dann notwendigen rechnerischen Auswertung wurde durch Lösen der Energiegleichung der Einfluß der effektiven Wärmeleitfähigkeit und des Wärmeübergangskoeffizienten auf den Temperaturverlauf im Meßquerschnitt ermittelt. Durch eine Fehlerquadratminimierung zwischen den gemessenen und den berechneten Temperaturen konnten dann die Parameter Nu_W und Λ_e/λ_F bestimmt werden.

In einer Versuchsreihe wurde bei $B/d_p = 13,6$ der Einfluß der Schüttungslänge auf die Größe des Wärmeübergangskoeffizienten untersucht. Die Messungen wurden bei drei bezogenen Schüttungslängen

$$L/B = 13,5$$
$$L/B = 10,1$$
$$L/B = 5,4$$

durchgeführt. Innerhalb der erzielbaren Meßgenauigkeit konnte keine Abhängigkeit von der Schüttungslänge festgestellt werden.

In weiteren Versuchen wurde der Einfluß des Partikeldurchmessers untersucht. Hierbei sind zusätzlich Versuche bei den bezogenen Kanalbereiten

$$B/d_p = 26,0$$
und
$$B/d_p = 5,4$$

und durchweg bei einem bezogenen Strömungsweg von $L/B = 13,5$ durchgeführt worden.

Als Ergebnis kann festgehalten werden

- Die Nusselt-Zahl für den Wärmeübergang nimmt mit dem Verhältnis B/d_p ab (s. Abb. 7).
- Die bezogene effektive Wärmeleitfähigkeit hängt nicht vom Verhältnis B/d_p ab (s. Abb. 8).

Ein Vergleich der eigenen Werte der Nusselt-Zahl an der Wand mit ausgewählten Literaturwerten zeigt für alle untersuchten Verhältnisse B/d_p eine Übereinstimmung in der Reynolds-Abhängigkeit. Bei $B/d_p = 26,0$ und $B/d_p = 13,6$ ergibt sich desweiteren eine Übereinstimmung in der Größe der Werte für Nu_W, während für $B/d_p = 5,4$ größere Nu_W-Werte ermittelt wurden.

Das von HENNECKE /3/, /4/ vorgeschlagenen Wärmetransportmodell ist zur Korrelation für die eigenen Meßwerte für Nu_W herangezogen worden. Hierbei mußten zwei modellspezifische Anpassungsparameter modifiziert werden, um die eigenen Messungen möglichst gut wiederzugeben. Insbesondere war der Faktor für die Berücksichtigung der Längenabhängigkeit gleich Null zu setzen.

6. Benutzte Symbole

B	(m)	Breite des Versuchskanals
D	(m)	Durchmesser
K	(-)	Konstante
L	(m)	Länge der Meßstrecke
$\dot{Q}$	(kW)	Wärmestrom
T	(m)	Tiefe des Versuchskanals
$\dot{V}$	(m³/s)	Volumenstrom durch die Meßstrecke
X	(-)	dimensionslose Koordinate in Strömungsrichtung
Y	(-)	dimensionslose Koordinate senkrecht zur Strömungsrichtung
c_p	(J/kgK)	spezifische Wärmekapazität
d_p	(m)	Partikeldurchmesser
$\dot{m}$	(kg/s)	Massenstrom
$\dot{m}''$	(kg/sm²)	Massenstromdichte
$\dot{q}$	(W)	Wärmestrom
$\dot{q}''$	(W/m²)	Wärmestromdichte
u	(m/s)	Strömungsgeschwindigkeit
x	(m)	laufende Koordinate in Strömungsrichtung
y	(m)	laufende Koordinate senkrecht zur Strömungsrichtung

Griechische Buchstaben

Θ	(-)	dimensionslose Temperatur
Λ_e	(W/mK)	effektive Wärmeleitfähigkeit
Λ_e^o	(W/mK)	effektive Wärmeleitfähigkeit der nicht durchströmten Schüttung
α	(W/m²K)	Wärmeübergangskoeffizient
ε	(-)	Hohlraumanteil
ϑ	(K)	Temperatur
λ	(W/mK)	Wärmeleitfähigkeit
ν	(m²/s)	Kinematische Viskosität
ρ	(kg/m³)	Dichte

Indizes

O	Leerrohr bzw. Kanaleintritt
F	Fluid
W	Wand
WH	Heizwand
WK	Kühlwand
e	effektiv
m	mittel
extr	extrapoliert

Kennzahlen

$$Nu_W = \frac{\alpha_w d_p}{\lambda_F}$$

$$NUWB = \frac{\alpha_w B}{\Lambda_e}$$

$$Pe = \frac{u_O d_p}{\lambda_F / (\rho c_p)_F}$$

$$PE = \frac{u_O d_p}{\Lambda_e / (\rho c_p)_F}$$

$$PEB = \frac{u_O \cdot B}{\Lambda_e / (\rho c_p)_F}$$

$$Re_O = \frac{u_O d_p}{\nu}$$

$$Pr = \frac{\nu}{a}$$

7. <u>Literaturverzeichnis</u>

/1/   KLING, G.:
        Versuche über den Wärmeaustausch in Rohren mit kegeligen
        und zylindrischen Schüttungen.
        Chemie-Ing.-Technik 31 (1959) Nr. 11, S. 705/710.

/2/   CALDERBANK, P.H. und POGORSKI, L.A.:
        Heat Transfer in Packed Beds.
        Trans. Instn. Chem. Engrs. 35 (1957), S. 195/207.

/3/   HENNECKE, F.W.:
        Über den Wandwiderstand beim Wärmetransport in
        Schüttungsrohren.
        Diss. TH Karlsruhe 1972.

/4/   VDI-Wärmeatlas.
        VDI-Verlag Düsseldorf 1974.

/5/   SCHLÜNDER, E.U.:
        Wärme- und Stoffübertragung zwischen durchströmten
        Schüttungen und darin eingebetteten Einzelkörpern.
        Chemie-Ing.-Technik 38 (1966) Nr 11., S. 1161/68.

/6/   LAMMRICH, G.:
        Dipl.-Arbeit am Lehrstuhl für Wärmeübertragung und Kli-
        matechnik der RWTH Aachen, 1976.

/7/   LECHNER, P.H.:
        Dipl.-Arbeit am Lehrstuhl für Wärmeübertragung und Kli-
        matechnik der RWTH Aachen, 1977.

/8/   YAGI, S. und WAKAO, N.:
        Heat and Mass Transfer from Wall to Fluid in Packed
        Beds.
        A.I. Ch. E.-Journal 5(1959) Nr. 1, S. 79/85.

/9/   KUNII, D. und SUZUKI, M. und ONO, N.:
        Heat Transfer from Wall Surface to Packed
        Beds at High Reynolds Number.
        Journ. of Chemie Eng. Jap. 1(1968) Nr. 1, S. 21/26.

/10/   YAGI, S. und KUNII, D.:
        Studies on Heat Transfer from Wall Surface in Packed
        Beds.
        A.I.Ch.E. Journal 6(1960) Nr. 1, S. 79/103.

/11/   SEIDEL, H.-P.:
        Untersuchungen zum Wärmetransport in Füllkörper-
        säulen.
        Chemie-Ing.-Techn. 37(1965) Nr. 11, S. 1125/32.

/12/   LI, C.-H. und FINLAYSON, B.A.:
        Heat Transfer in Packed Beds.
        Chem. Eng. Sc. 32 (1977), S. 1055/1066.

FORSCHUNGSBERICHTE
des Landes Nordrhein-Westfalen

Herausgegeben
vom Minister für Wissenschaft und Forschung

Die ,,Forschungsberichte des Landes Nordrhein-Westfalen" sind in zwölf Fachgruppen gegliedert:

Geisteswissenschaften

Wirtschafts- und Sozialwissenschaften

Mathematik / Informatik

Physik / Chemie / Biologie

Medizin

Umwelt / Verkehr

Bau / Steine / Erden

Bergbau / Energie

Elektrotechnik / Optik

Maschinenbau / Verfahrenstechnik

Hüttenwesen / Werkstoffkunde

Textilforschung

WESTDEUTSCHER VERLAG

5090 Leverkusen 3 · Postfach 30 06 20

GPSR Compliance
The European Union's (EU) General Product Safety Regulation (GPSR) is a set
of rules that requires consumer products to be safe and our obligations to
ensure this.

If you have any concerns about our products, you can contact us on

ProductSafety@springernature.com

In case Publisher is established outside the EU, the EU authorized
representative is:

Springer Nature Customer Service Center GmbH
Europaplatz 3
69115 Heidelberg, Germany